Minha viagem com Mara

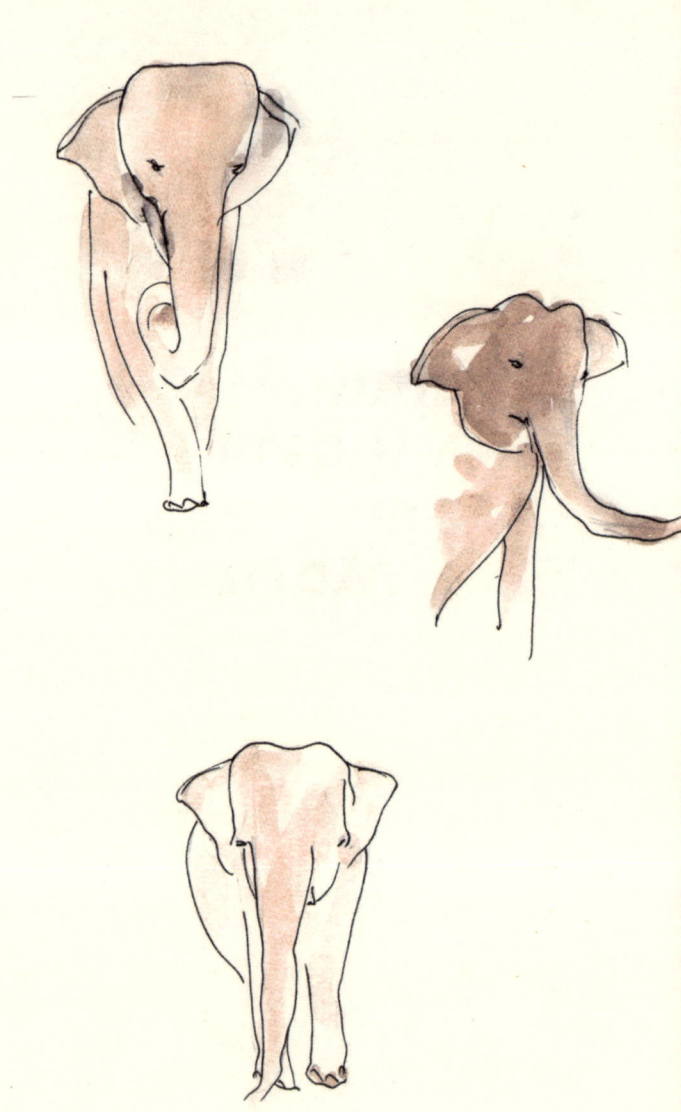

MARINA ARBOLAVE

Minha viagem com Mara

Tradução de *Cecilia Arbolave*

copyright © Texto e ilustrações **Marina Arbolave**, 2025
copyright © Tradução **Cecilia Arbolave**, 2025
copyright © **Edições Barbatana**, 2025
copyright © **Lote 42**, 2025

Edição: Paulo Verano
Projeto gráfico: Angela Mendes
Tradução: Cecilia Arbolave
Assistência editorial: Fabiane Daniels

Equipe Lote 42: Batista, Cecilia Arbolave, Davi Lopes, Gabriela de Oliveira Cordeiro, Guilherme Ladenthin, Ian Uviedo, Juliana Panini, João Varella, Laura Mazzo, Mariana Lensoni e Natalia Varella

Dados Internacionais de Catalogação na Publicação (CIP)
(Marcos Paulo de Passos CRB-8/8046)

A666m	Arbolave, Marina
	Minha viagem com Mara / Marina Arbolave, tradução de Cecilia Arbolave; Posfácio de Peter O Sagae – São Paulo : Edições Barbatana; Lote 42, 2025.
	56 p. : il. ; color ; 11 cm x 18 cm.
	Título original: Minha viagem com Mara.
	ISBN 978-65-88766-36-1 (Edições Barbatana) ISBN 978-65-87881-23-2 (Lote 42)
	1. Santuários para animais. 2. Elefantes. 3. Ecoparque. 4. Meio ambiente. I. Título. II. Marina Arbolave (Ilust.). III. Arbolave, Cecília (Trad.). IV. O Sagae, Peter (posfácio).

Editado conforme o novo Acordo Ortográfico da Língua Portuguesa.

1ª edição: 2025

www.edicoesbarbatana.com.br
edicoesbarbatana@gmail.com
www.facebook.com/edicoesbarbatana
www.instagram.com/edicoesbarbatana

R. Barão de Tatuí, 302, sala 42
01226-030 - São Paulo, SP
www.lote42.com.br
@lote42

Todos os direitos reservados. Nenhuma parte desta edição pode ser utilizada ou reproduzida nem apropriada ou estocada em sistema de banco de dados sem a expressa autorização das editoras.

*Dedico este livro às pessoas cuja missão
é oferecer uma vida melhor aos animais
em cativeiro e especialmente aos
que se envolveram na jornada da Mara,
que tanto me inspirou.*

*Dedico também ao meu marido,
às minhas filhas e a quem confiou,
me apoiou e insistiu para que
eu contasse esta história.*

Minha curiosidade foi atiçada de imediato. Como costuma acontecer, aparece um tema e ele me amarra. Penso nele. Falo dele. Vejo-o por todas as partes.

Minha família já sabe que agora meu assunto não é Rasputin, não é o Everest, nem são os escaladores dos catorze picos mais altos do mundo.

Não são as cúpulas de Buenos Aires, também não são os palhaços de hospital. Não é o rock, nem a música country ou as danças gregas.

Ainda não é a música para cegos, não é o Japão na Segunda Guerra Mundial, nem são as coincidências que aparecem no fim da vida...

Agora é Mara.

A história do transporte de uma elefanta,
de Buenos Aires à Chapada dos Guimarães, no
Mato Grosso, contada numa revista de turismo,
me prendeu.

Será pela dedicação envolvida? Ou pela originalidade? Um animal de mais de cinquenta anos que percorreu três continentes, atravessou o oceano e viajou por terra da Argentina ao Brasil.

A elefanta me emociona. Cada vez que encontro um novo vídeo, uma nova foto, eu fico reverberando sua imagem.

Quero contar sua história.

Mara nasceu em um campo de trabalho na Índia, nos anos 1960. Foi separada de sua mãe antes dos cinco anos, mas não se sabe bem ao certo.

É o que dizem.

Junto com duas outras elefantas, Mara foi comprada por uma empresa alemã que vendia animais para zoológicos e circos do mundo todo.

Acredita-se que uma dessas elefantas era Bambi, a quem Mara reencontraria décadas depois.

Da Índia chegaram à Alemanha e dali cruzaram o Atlântico.

Elefanta de circo: assim foi a vida de Mara por muitas décadas. Desembarcou no Uruguai, em 1970, e foi levada ao Circo África. Um ano depois, chegou ao Circo Sudamericano, em Buenos Aires.

Seu destino em cativeiro era triste, com um duro processo de aprendizagem de truques para entreter o público.

Os métodos eram muito cruéis: o treinador fazia uma punção em pontos sensíveis de seu corpo. Mara suportava.

Mara passou por outros picadeiros até chegar ao Circo Rodas, onde ficou por mais alguns anos, até que o circo faliu.

Em 1995, um juiz a enviou para o Zoológico de Buenos Aires. Chega de circo!

Mara obedece. Sempre. O que ela pensava? Não! O que sentia Mara?

Dizem os estudiosos que os elefantes são muito sensíveis. Não dá para enganá-los. Eles enxergam a nossa verdade, a nossa essência.

Então, o que sentia Mara quando a retiravam da tenda e a obrigavam a entrar em um caminhão?

Subia de ré, com a banqueta redonda e colorida, que tantas vezes usou no circo.

Ânimo, Mara! Suba com as patas traseiras primeiro! E agora entre no caminhão!

Mais uma das tantas viagens na sua vida de elefanta de circo.

Outra vez trancada, subjugada e sozinha.

Mara passou do confinamento do circo para outro confinamento, embora num lugar mais espaçoso e com cuidadores que a tratavam melhor.

Sua nova moradia era uma construção chamada Templo de Shiva, inspirada em um lugar semelhante que há na Índia, de onde sua espécie é nativa.

Deveria conviver com mais duas elefantas, com quem não se entendia. As origens eram diferentes: elefantes asiáticos e africanos não se dão bem.

Não havia manada para Mara. E, por mais 25 anos, viveu assim.

Sim, havia algumas árvores e chão de terra – terra que costumava jogar com a tromba em suas costas. Mas um poço rodeava esse lugar e separava Mara dos visitantes.

Desenvolveu zoocose, uma conduta obsessiva de animais em cativeiro. Fazia movimentos repetitivos com sua tromba e também levantava as patas de forma alternada.

Recebeu, assim, um triste apelido:
"A elefanta que dança".

Em 2015, uma lei transformou o Zoológico de Buenos Aires em "Ecoparque", um espaço para a conservação de espécies.

Decidiu-se, então, pelo traslado de vários animais a santuários. Mara iria para a Chapada dos Guimarães, no Mato Grosso, no Centro-Oeste brasileiro.

A burocracia levou muitos meses. Enquanto as autorizações entre Brasil e Argentina avançavam, uma equipe treinou Mara para a longa viagem.

Era fundamental conseguir que ela entrasse voluntariamente no contêiner de transporte. Assim que ela fizesse isso, a equipe saberia que Mara estava pronta para a sua viagem.

As tramitações demoraram, mas daí já estávamos em 2020, começou uma pandemia que paralisou o país e o mundo.

Enquanto vivíamos o isolamento, Mara partia rumo à sua liberdade.

Dentro do caminhão, Mara passou pela avenida mais famosa de Buenos Aires, diante dos olhos de vizinhos que, das varandas dos seus prédios, a admiravam e celebravam.

Uma elefanta celebridade.

A comitiva contou com uma equipe de cuidados, além de caixas de frutas, verduras, bambu e alfafa. A viagem demorou cinco dias, com paradas para água, alimento e descanso.

Na fronteira, os funcionários olhavam atônitos. Nunca viram passar uma elefanta por ali.

Do outro lado, já no Brasil, a comitiva mudou: a equipe do santuário esperava Mara.

O caminhão finalmente chegou à Chapada dos Guimarães, onde um guindaste estava a postos para colocar o contêiner de frente para um dos recintos do santuário.

Só então abriram as portas para que Mara saísse de forma voluntária.

E ela saiu.

Diante de espectadores do mundo todo, que acompanham sua viagem de forma virtual, a elefanta entrou no cercado, viu uma montanha de terra vermelha e, sem titubear, avançou.

Com sua tromba, pegou essa terra fresca, tão diferente da que estava acostumada, para jogá-la em suas costas.

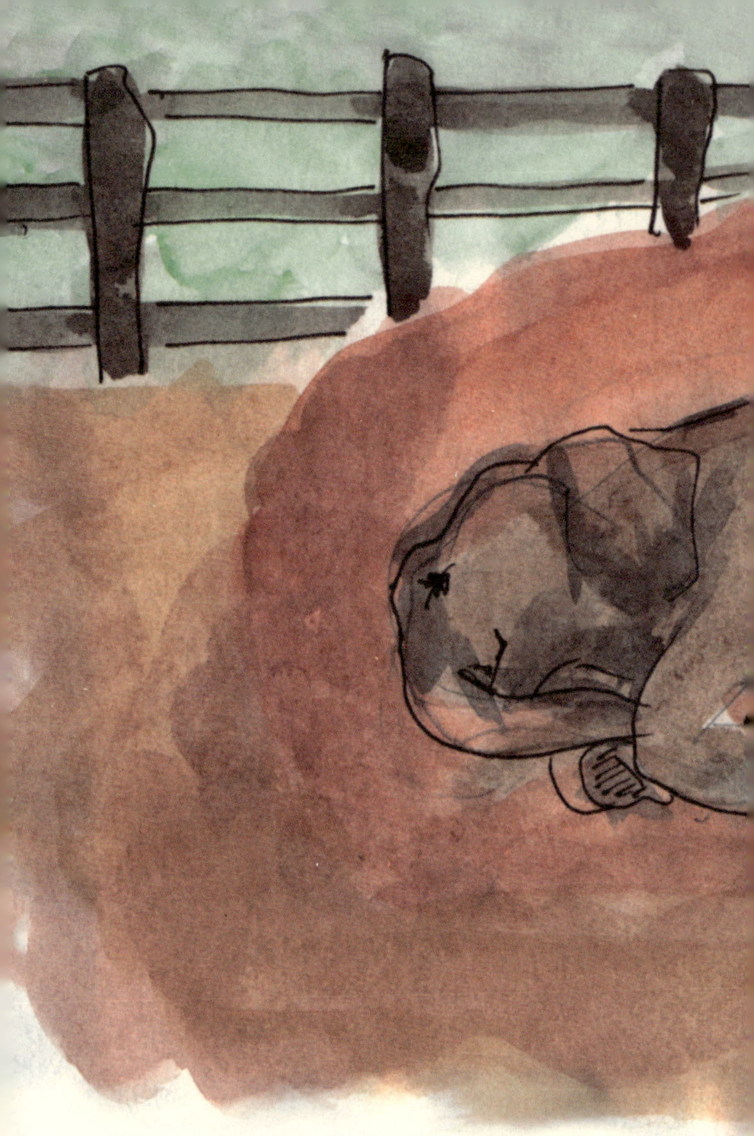

Depois de dias em pé dentro de um caminhão,
Mara tirou uma soneca de três horas.

No dia seguinte, a elefanta percorreu o lugar, experimentou a grama, descobriu as árvores.

Com o tempo, passou a conhecer a lagoa, a área de lama e os diferentes espaços do santuário.

Mara também conheceu Rana, uma das residentes.

A conexão entre as duas foi tão imediata e intensa, com vocalizações e contatos físicos de tromba, que parecia ser uma reunião de velhas amigas conhecidas.

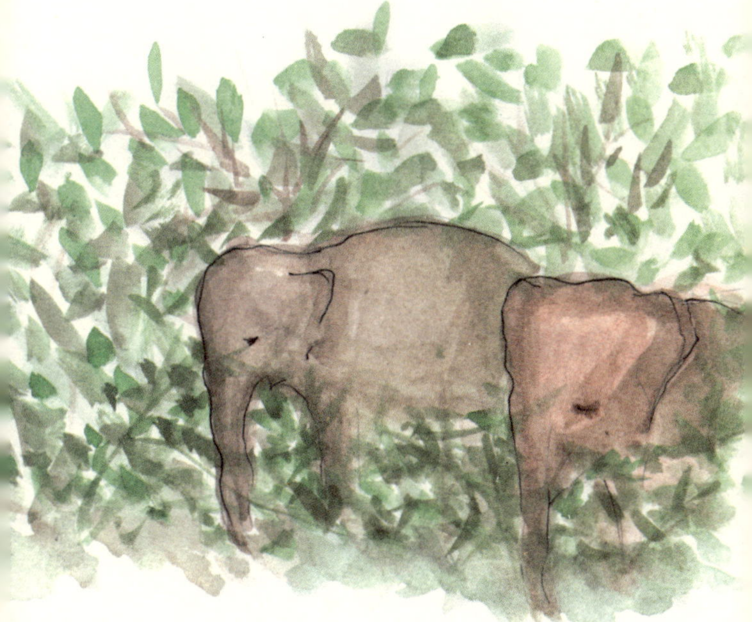

"Quem sabe...", dizem os cuidadores.
A tal memória de elefante.

Alguns meses depois, chegou Bambi, resgatada de um zoológico de Ribeirão Preto, no interior de São Paulo, na região Sudeste do Brasil.

Sua história era parecida. Tinha quase sessenta anos, passou quatro décadas em circos e mais de dez anos em zoológicos.

Agora, no santuário, um trio se formava: Mara, Rana e Bambi.

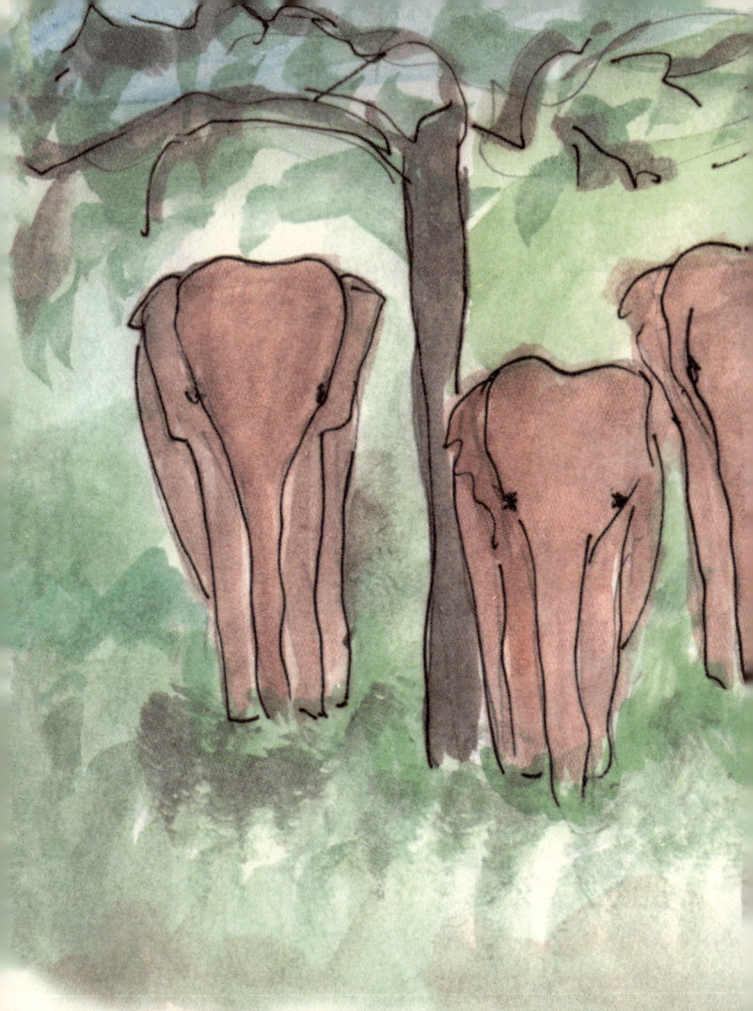

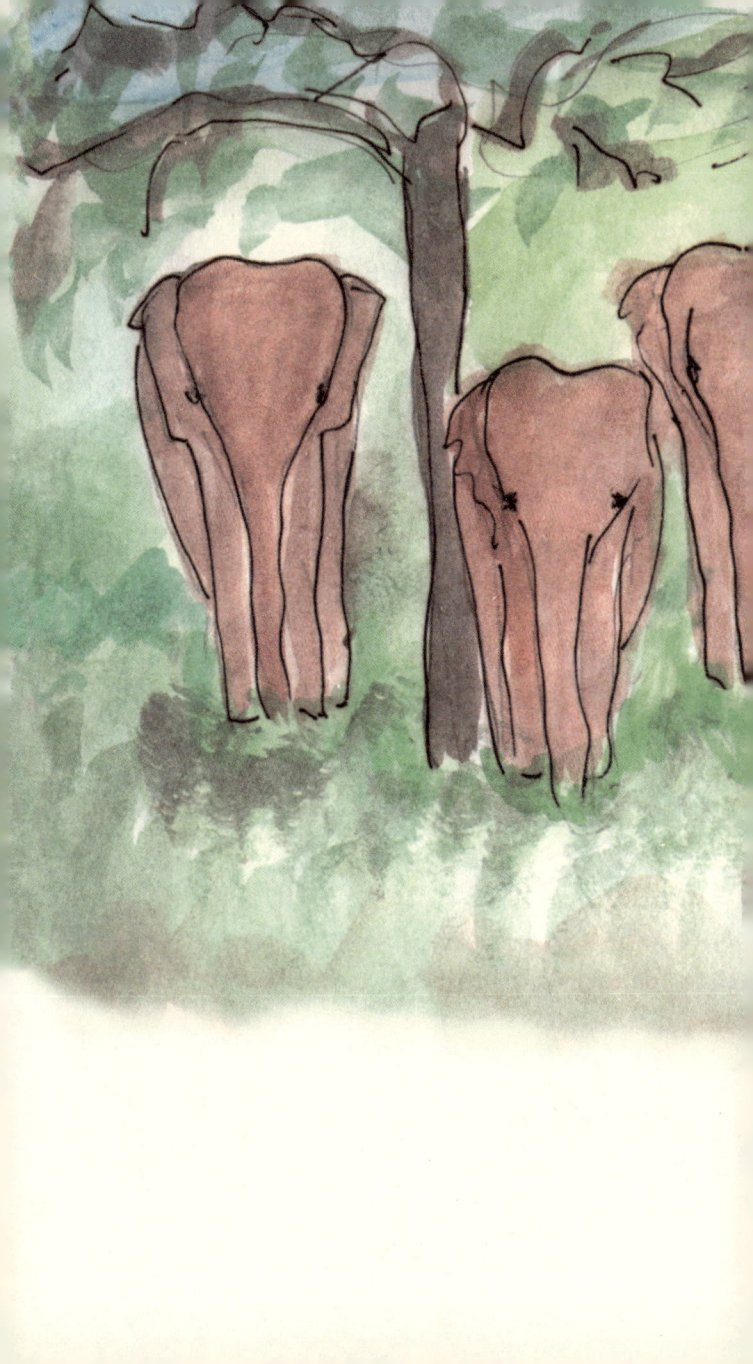

Aos poucos, outras elefantas vão chegando e a manada cresce. O santuário vai construindo novos recintos para poder receber outras espécies, como as elefantas africanas.

Tempo ao tempo.

A viagem de Mara, que começou aos cinco anos, chegou a um novo destino, provavelmente seu destino final.

Depois de uma vida em cativeiro forçado, em circos e zoológicos, Mara passa seus novos dias na natureza, cuidada, respeitada e com sua manada de elefantes.

46 – 47

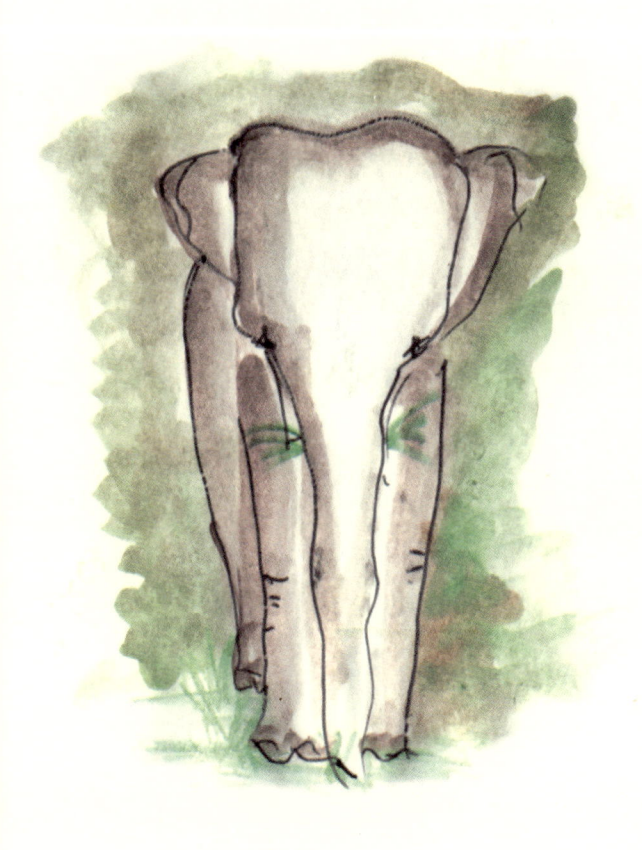

Sem que ela saiba, sua história transcende.

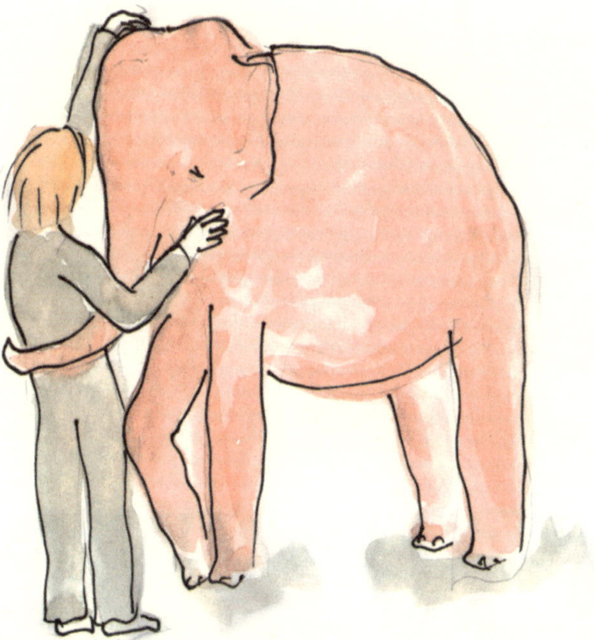

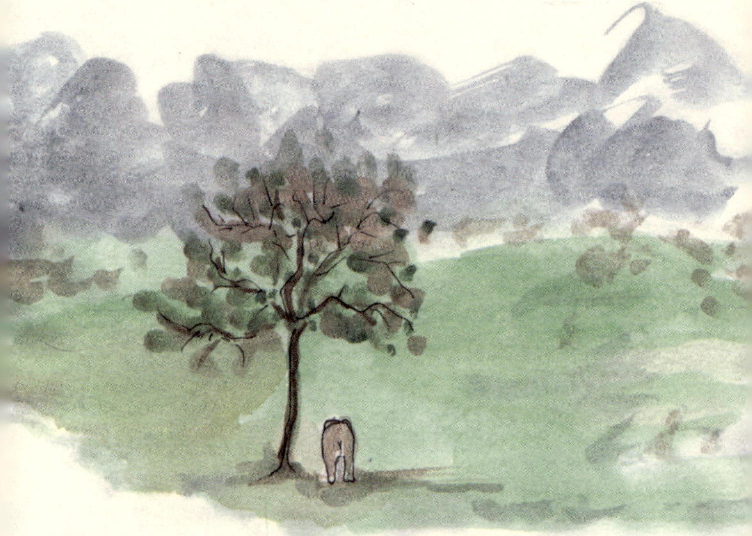

Mara e Marina, Marina e Mara

O que aqui se contou é uma história verdadeira, muitas vezes contada em voz alta, mudando incontestavelmente a cada novo detalhe sobre a vida e a última viagem de Mara, porque Marina flutuava por memórias e imagens, antes que decidisse enfrentar a própria escrita. E foi ouvindo a artista argentina que fui descobrindo a simplicidade de sair de um monte de informações e interesses para asserenar a mente, então passar a sentir a própria história como um elefante, com sua lentidão e paciência.

Ouvi Marina falar a respeito de Mara, num par de meses durante a pandemia, e pude perceber que nosso desejo era mesmo sair de casa rumo a lugar ermo e acolhedor, com brisa e a amizade de tempos passados. Tal como Mara um dia viu Bambi, alguém muito especial viveria em nossas lembranças e, de fato, sempre estamos prontos para o reencontro.

Assim a narrativa se fez: um passo e mais outro, o contexto informativo dando passagem a uma delicada presença. Era como se Marina se visse pertencendo à manada, ouso dizer, ou, dentro dos olhos de Mara, debaixo de sua pele, tempo ao tempo, como um mantra. Sinto que as frases mais curtas revelam essa ambiguidade. É Marina quem escreve a travessia da histórica elefanta nascida em cativeiro, ou é Mara quem devolve a esperança à mulher com voz ritmada por anos e anos de histórias que, se aqui não se contou, um dia iremos ler em um outro livro?

Mara é única e não está mais sozinha.

Marina nos move até ela.

Peter O Sagae

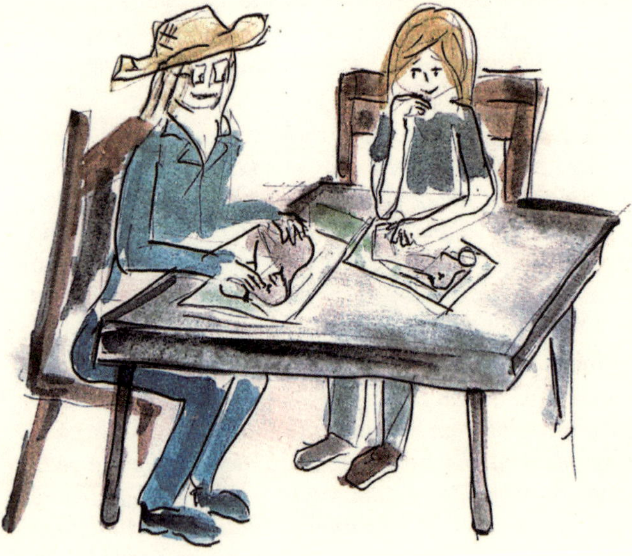

Marina Arbolave *(Buenos Aires, 1953) é
matemática e musicista. Sempre desenhou,
especialmente de forma espontânea e intuitiva
ao registrar situações cotidianas. Papel sulfite,
caderninhos pautados e folhetos costumam ser a base
para suas criações (aqui, pintadas com canetinha
e aquarela). Ao longo da vida se especializou em
diferentes áreas, como acompanhamento de idosos,
e foi palhaça de hospital. Gosta de investigar
assuntos profundos do ser humano.
É mãe de Cecilia.*

Cecilia Arbolave *(Buenos Aires, 1985) é jornalista,
editora da Lote 42, cofundadora dos espaços Banca
Tatuí e Sala Tatuí, iniciativas em São Paulo, onde
mora desde 2008. Organiza a Feira Miolo(s) e outras
feiras de artes gráficas. Escreveu* O livro
de fazer livros: produção gráfica para edições
independentes *(Lote 42, 2024) e* Sapos e sonhos
*(Livraria Gráfica, 2024), entre outros.
É filha de Marina.*

RODAS

circo

ZOO BS AS

Este livro foi composto na fonte Oceanic Text
(by Interval Type) e a letra do título foi desenhada
por Angela Mendes. O miolo foi impresso em papel
Pólen Bold 90 g/m², a capa em papel-cartão 250 g/m²
e a sobrecapa em papel Pólen Bold 90 g/m²,
pela Ogra Oficina Gráfica.

Quando foi publicado, em abril de 2025, Mara residia
havia cinco anos no Santuário de Elefantes Brasil (SEB),
onde viria a formar finalmente a sua manada, com Maia,
Rana, Bambi, Guilhermina e outras elefantas que
venham a se juntar a esse grupo de amigas.

Esta obra é uma homenagem a Mara e a todos
os que podem ter uma nova chance em suas vidas.

Minha viagem com Mara
é o livro nº 56 da Lote 42
e o livro nº 48 da Barbatana.

Tiragem: 2.000 exemplares

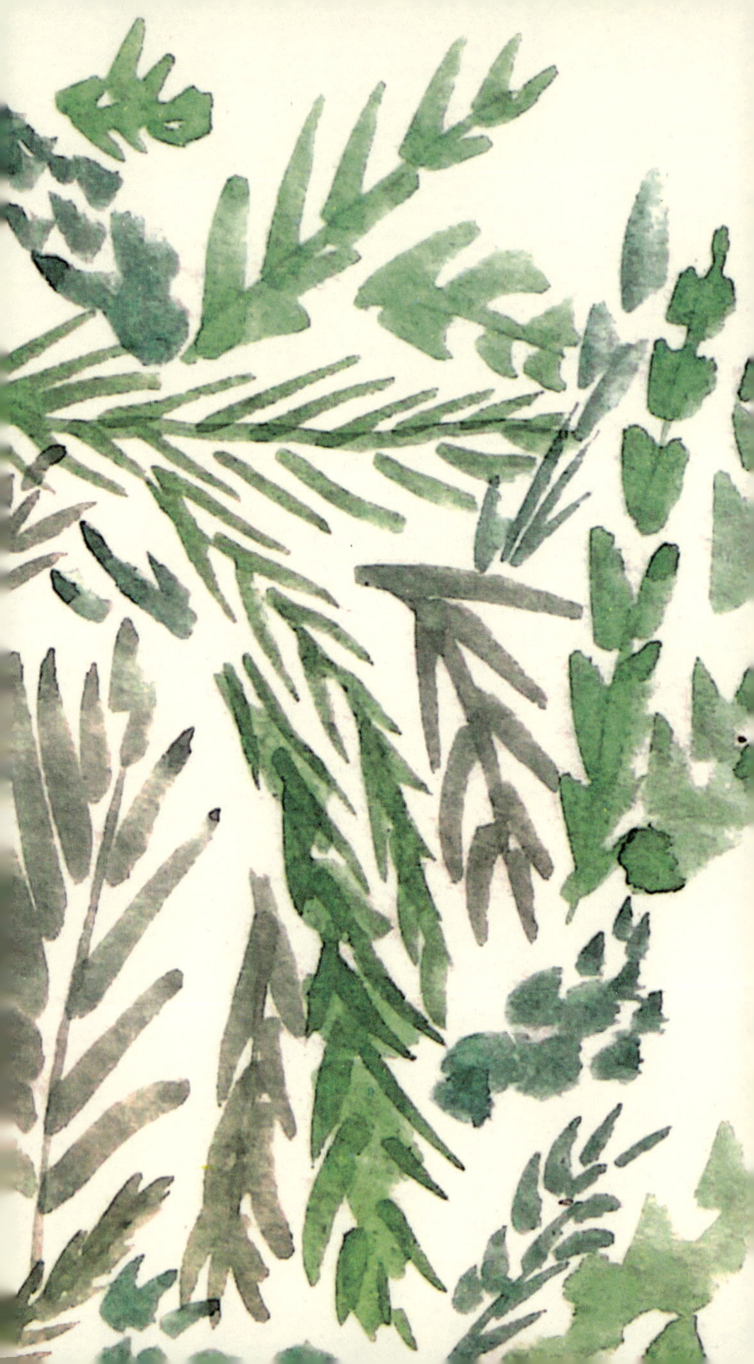